Matemáticas
diarias®

The University of Chicago School Mathematics Project

Diario del estudiante
Volumen 2

Grado

D1404688

McGraw Hill **Wright Group**

The University of Chicago School Mathematics Project (UCSMP)

Max Bell, Director, UCSMP Elementary Materials Component; Director, *Everyday Mathematics* First Edition
James McBride, Director, *Everyday Mathematics* Second Edition
Andy Isaacs, Director, *Everyday Mathematics* Third Edition
Amy Dillard, Associate Director, *Everyday Mathematics* Third Edition

Authors

Max Bell	Robert Hartfield	Kathleen Pitvorec
Jean Bell	Andy Isaacs	Peter Saecker
John Bretzlauf	James McBride	
Amy Dillard	Rachel Malpass McCall*	

*Third Edition only

Technical Art	Teachers in Residence	Editorial Assistant
Diana Barrie	Jeanine O'Nan Brownell	Rossita Fernando
	Andrea Cocke	
	Brooke A. North	

Contributors

Robert Balfanz, Judith Busse, Mary Ellen Dairyko, Lynn Evans, James Flanders, Dorothy Freedman, Nancy Guile Goodsell, Pam Guastafeste, Nancy Hanvey, Murray Hozinsky, Deborah Arron Leslie, Sue Lindsley, Mariana Mardrus, Carol Montag, Elizabeth Moore, Kate Morrison, William D. Pattison, Joan Pederson, Brenda Penix, June Ploen, Herb Price, Dannette Riehle, Ellen Ryan, Marie Schilling, Susan Sherrill, Patricia Smith, Robert Strang, Jaronda Strong, Kevin Sweeney, Sally Vongsathorn, Esther Weiss, Francine Williams, Michael Wilson, Izaak Wirzup

Photo Credits

©Ralph A. Clevenger/CORBIS, cover, *center;* Getty Images, cover, *bottom left;* ©Tom and Dee Ann McCarthy/CORBIS, cover *right.*

www.WrightGroup.com

Wright Group

Send all inquiries to:
Wright Group/McGraw-Hill
P.O. Box 812960
Chicago, IL 60681

ISBN   978-0-07-610043-9
MHID   0-07-610043-X

3 4 5 6 7 8 9 MAL 13 12 11 10 09 08 07

The *McGraw·Hill* Companies

Contenido

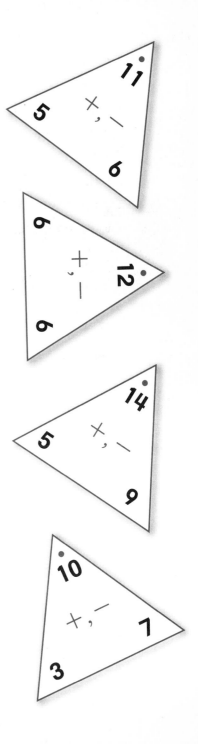

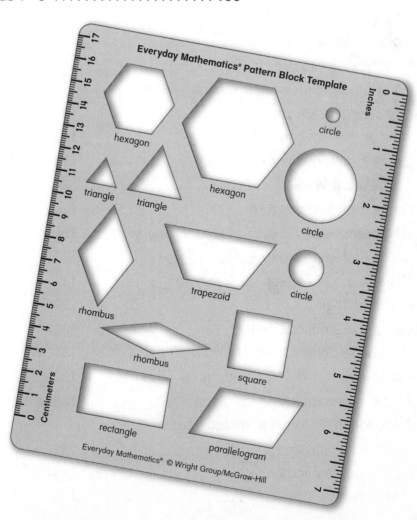

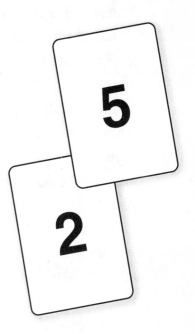

UNIDAD 9 Valor posicional y fracciones

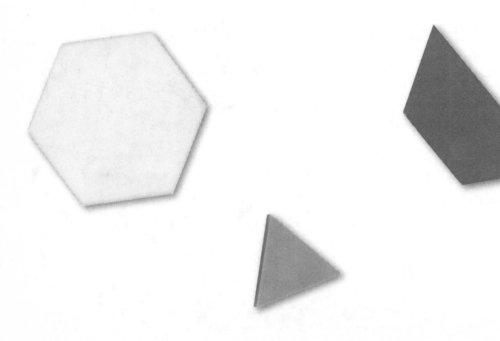

UNIDAD 10 Repaso final y evaluaciones

Hojas de actividades

LECCIÓN 6·1 Registro de tirar dados 2

Unidad

puntos del dado

Anota cada operación y su inverso.

										12
										11
										10
									6 + 3	9
										8
										7
										6
								1 + 4	4 + 1	5
										4
										3
										2

Cajas matemáticas

---

1. Escribe las sumas.

$2 + 4 =$ _____

_____ $= 3 + 2$

_____ $= 1 + 5$

$4 + 0 =$ _____

---

2. ¿Cuál es la regla que falta?

entra
↓

Regla	entra	sale
	3	5
	17	19
	14	16

↓
sale

Rellena el círculo que está junto a la mejor respuesta.

Ⓐ $+3$ Ⓑ $+2$

Ⓒ -2 Ⓓ -5

---

3. Suma.

$3 + 4 =$ _____

$4 + 3 =$ _____

$2 + 7 =$ _____

$7 + 2 =$ _____

---

4. Dibuja líneas para unir las figuras que se parecen.

Columna A   Columna B

Cajas de coleccionar nombres

1. Escribe otros nombres para el 11.

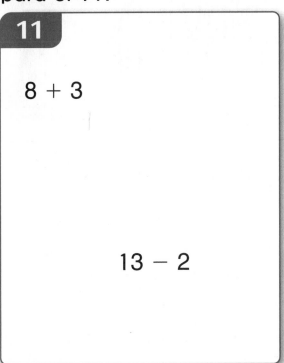

11

$8 + 3$

$13 - 2$

2. Escribe otros nombres para el 12.

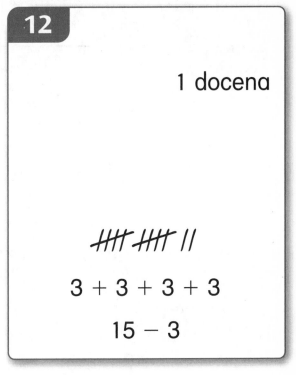

12

1 docena

~~HHt~~ ~~HHt~~ //

$3 + 3 + 3 + 3$

$15 - 3$

3. Tacha cada nombre que no pertenece en la caja del 10.

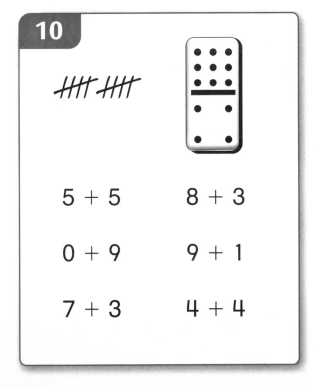

10

~~HHt~~ ~~HHt~~

$5 + 5$ $8 + 3$

$0 + 9$ $9 + 1$

$7 + 3$ $4 + 4$

4. Haz tu propia caja.

Cajas matemáticas

1. Escribe 5 nombres más para el 10.

10
5 + 5
diez
~~HHH~~ ~~HHH~~

2. Resuelve las adivinanzas.

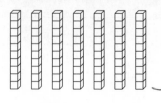

¿Quién soy? 10

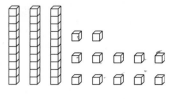

¿Quién soy? W2

3. Suma.

2 + 2 = 4

3 + 3 = 6

4 + 4 = 8

5 + 5 = 10

4. Sombrea el triángulo más grande.

Familias de operaciones

Escribe 3 números para cada dominó. Usa los números para escribir una familia de operaciones.

1.

Números: ——, ——, ——

Familia de operaciones:

___ + ___ = ___

___ + ___ = ___

___ − ___ = ___

___ − ___ = ___

2.

Números: ——, ——, ——

Familia de operaciones:

___ + ___ = ___

___ + ___ = ___

___ − ___ = ___

___ − ___ = ___

3.

Números: ——, ——, ——

Familia de operaciones:

___ + ___ = ___

___ + ___ = ___

___ − ___ = ___

___ − ___ = ___

4. Haz tu propio dominó. Dibuja los puntos.

Números: ——, ——, ——

Familia de operaciones:

___ + ___ = ___

___ + ___ = ___

___ − ___ = ___

___ − ___ = ___

LECCIÓN 6·3

Cajas de coleccionar nombres

Escribe tantos nombres como puedas para cada número.

1.

13

2.

20

3. Tacha los nombres que no pertenecen en la caja de 25.

25

HHT HHT HHT
HHT ///

5 + 5 + 5 + 5

25 + 0   17 + 18

30 − 5   24 + 1

19 + 4

4. Elige un número. Muestra todos los nombres que puedas para este número.

Cajas matemáticas

1. Escribe las sumas.

$$1 + 8 = \underline{\hspace{1cm}}$$

$$\underline{\hspace{1cm}} = 6 + 2$$

4	7
+ 2	+ 0

2. Escribe los números que faltan.

entra

Regla

+10

sale

entra	sale
13	
18	
79	
93	
125	

3. Suma.

$$5 + 4 = \underline{\hspace{1cm}}$$

$$4 + 5 = \underline{\hspace{1cm}}$$

$$2 + 3 = \underline{\hspace{1cm}}$$

$$3 + 2 = \underline{\hspace{1cm}}$$

4. Dibuja líneas para unir las figuras que se parecen.

Columna A   Columna B

Tabla de dominio de las operaciones básicas

0 +0	0 +1	0 +2	0 +3	0 +4	0 +5	0 +6	0 +7	0 +8	0 +9
1 +0	1 +1	1 +2	1 +3	1 +4	1 +5	1 +6	1 +7	1 +8	1 +9
2 +0	2 +1	2 +2	2 +3	2 +4	2 +5	2 +6	2 +7	2 +8	2 +9
3 +0	3 +1	3 +2	3 +3	3 +4	3 +5	3 +6	3 +7	3 +8	3 +9
4 +0	4 +1	4 +2	4 +3	4 +4	4 +5	4 +6	4 +7	4 +8	4 +9
5 +0	5 +1	5 +2	5 +3	5 +4	5 +5	5 +6	5 +7	5 +8	5 +9
6 +0	6 +1	6 +2	6 +3	6 +4	6 +5	6 +6	6 +7	6 +8	6 +9
7 +0	7 +1	7 +2	7 +3	7 +4	7 +5	7 +6	7 +7	7 +8	7 +9
8 +0	8 +1	8 +2	8 +3	8 +4	8 +5	8 +6	8 +7	8 +8	8 +9
9 +0	9 +1	9 +2	9 +3	9 +4	9 +5	9 +6	9 +7	9 +8	9 +9

LECCIÓN 6·4

Cajas matemáticas

1. Rotula la caja. Agrega 5 nombres.

~~HHt~~ ~~HHt~~ ~~HHt~~   20 − 5

7 + 8

2. ¿Qué número es?

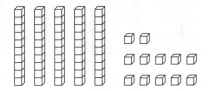

Rellena el círculo que está junto a la mejor respuesta.

Ⓐ 37

Ⓑ 62

Ⓒ 512

Ⓓ 58

3. Suma.

3 + 0 = _____

3 + 1 = _____

  6   6
+ 0   + 1

4. Sombrea el círculo más grande.

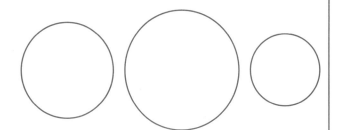

LECCIÓN 6·5 Usar la tabla de operaciones de suma y resta 2

+,−	0	1	2	3	4	5	6	7	8	9
0	0	1	2	3	4	5	6	7	8	9
1	1	2	3	4	5	6	7	8	9	10
2	2	3	4	5	6	7	8	9	10	11
3	3	4	5	6	7	8	9	10	11	12
4	4	5	6	7	8	9	10	11	12	13
5	5	6	7	8	9	10	11	12	13	14
6	6	7	8	9	10	11	12	13	14	15
7	7	8	9	10	11	12	13	14	15	16
8	8	9	10	11	12	13	14	15	16	17
9	9	10	11	12	13	14	15	16	17	18

Suma o resta. Usa la tabla como ayuda.

1. $5 + 6 =$ _____

2. $11 - 5 =$ _____

3. $8 + 4 =$ _____

4. $12 - 4 =$ _____

5. $7 + 8 =$ _____

6. $15 - 8 =$ _____

7. $9 + 9 =$ _____

8. $18 - 9 =$ _____

9. $9 + 7 =$ _____

10. $16 - 9 =$ _____

Cajas matemáticas

1. Resta.

$5 - 1 =$ _____

$4 - 2 =$ _____

_____ $= 6 - 0$

_____ $= 3 - 3$

2. Escribe la familia de operaciones.

_____ $+$ _____ $=$ _____

_____ $+$ _____ $=$ _____

_____ $-$ _____ $=$ _____

_____ $-$ _____ $=$ _____

3. Usa tu cuadrícula de números. Empieza en 31.

Cuenta 19 hacia adelante.

Terminas en _____.

$31 + 19 =$ _____

4. Dibuja líneas para unir las figuras que se parecen.

Columna A   Columna B

LECCIÓN 6·6

Medir en centímetros

1. Usa 2 largos para medir objetos en centímetros.
Anota las medidas en la tabla.

Objeto (nómbralo o dibújalo)	Mi medida
	alrededor de _____ cm
	alrededor de _____ cm

Usa una regla para medir al centímetro más cercano.

2. _____

alrededor de _____ cm

3. _____

alrededor de _____ cm

4. _____

alrededor de _____ cm

5. _____

alrededor de _____ cm

6. Traza un segmento de recta que mida aproximadamente 9 centímetros de largo.

Familias de operaciones y Triángulos de operaciones

Escribe la familia de operaciones de cada Triángulo de operaciones.

1.

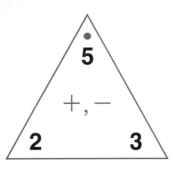

___ + ___ = ___

___ + ___ = ___

___ − ___ = ___

___ − ___ = ___

2.

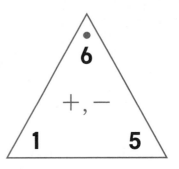

___ + ___ = ___

___ + ___ = ___

___ − ___ = ___

___ − ___ = ___

3.

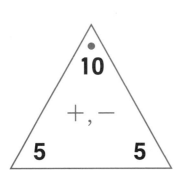

___ + ___ = ___

___ + ___ = ___

___ − ___ = ___

___ − ___ = ___

4. Escribe el número que falta. Escribe la familia de operaciones.

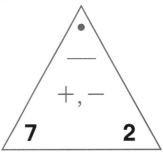

___ + ___ = ___

___ + ___ = ___

___ − ___ = ___

___ − ___ = ___

LECCIÓN 6·6

Cajas matemáticas

1. Anota los números que faltan.

Regla

Cuenta hacia atrás de 10 en 10

| 44 | 34 | 24 | | |

2. Haz un patrón. Usa tu Plantilla de bloques geométricos.

3. Halla las sumas.

$6 + 1 =$ 7

9 $= 1 + 8$

4 $= 2 + 2$

$0 + 4 =$ 4

Encierra en un círculo las sumas impares.

4. **Cantidad de hermanos**

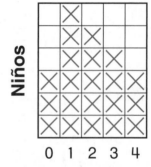

Niños

0 1 2 3 4

Cantidad de hermanos

¿Sí o no?

¿Hay 4 niños que tienen exactamente 2 hermanos?

_____

¿La mayor cantidad de niños tienen sólo

1 hermano? _____

LECCIÓN 6·7 Cajas matemáticas

1. Resta.

$4 - 1 =$ _____

$7 - 2 =$ _____

$\begin{array}{r} 5 \\ -\ 4 \\ \hline \end{array}$ $\begin{array}{r} 6 \\ -\ 0 \\ \hline \end{array}$

2. Escribe la familia de operaciones.

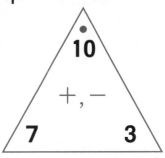

_____ + _____ = _____

_____ + _____ = _____

_____ − _____ = _____

_____ − _____ = _____

3. Usa tu cuadrícula de números. Empieza en 36. Cuenta 14 hacia atrás.

¿$36 - 14 =$ _____?

Rellena el círculo que está junto a la mejor respuesta.

Ⓐ 50

Ⓑ 29

Ⓒ 18

Ⓓ 22

4. Dibuja líneas para unir las figuras que se parecen.

Columna A   Columna B

"¿Cuál es mi regla?"

1. Halla la regla.

entra

Regla

sale

entra	sale
5	9
8	12
10	14

Tu turno:

2. Completa los números que faltan.

entra

Regla −10

sale

entra	sale
16	
	12
23	

Tu turno:

3. ¿Qué número sale?

entra

Regla +5

sale

entra	sale
5	
20	
32	

Tu turno:

4. ¿Qué número entra?

entra

Regla −2

sale

entra	sale
	5
	9
	3

Tu turno:

Crea tu propia regla.

5. entra

Regla

sale

entra	sale

6. entra

Regla

sale

entra	sale

LECCIÓN 6·8 Cajas matemáticas

1. Escribe los números que faltan.

Regla
−2

| 32 | | | 28 | 26 | |

2. Dibuja las dos figuras que siguen.

        _____ _____

3. Halla las sumas.

7 + 1 = __8__

__10__ = 2 + 8

__6__ = 3 + 3

5 + 0 = __5__

Encierra en un círculo las sumas pares.

4.

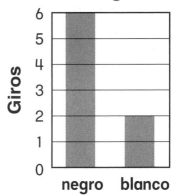

Resultados de la rueda giratoria

¿Cuántas veces más cayó la rueda giratoria en el negro que en el blanco?

Rellena el círculo que está junto a la mejor respuesta.

Ⓐ 6   Ⓑ 2   Ⓒ 8   Ⓓ 4

LECCIÓN 6·9

Contar monedas

 Ⓟ 1¢ $0.01 un *penny*   Ⓝ 5¢ $0.05 un *nickel*   Ⓓ 10¢ $0.10 un *dime*   Ⓠ 25¢ $0.25 un *quarter*

¿Cuánto dinero hay? Usa las monedas.

1.

31¢

2.

65¢

3. Ⓠ Ⓠ Ⓓ Ⓝ Ⓝ Ⓝ Ⓝ   80¢

4. Ⓠ Ⓠ Ⓠ Ⓓ Ⓓ Ⓟ Ⓟ   97¢

5. Ⓠ Ⓠ Ⓠ Ⓠ Ⓠ Ⓓ Ⓝ   1.40¢

LECCIÓN 6·9

Cajas matemáticas

1. ¿Es más probable que saques negro o blanco?

_____

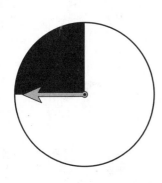

2. Mide tu calculadora al centímetro más cercano.

Mide aproximadamente

_____ cm.

3. Escribe la familia de operaciones.

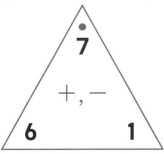

_____ + _____ = _____

_____ + _____ = _____

_____ − _____ = _____

_____ − _____ = _____

4. Sombrea todos los círculos.

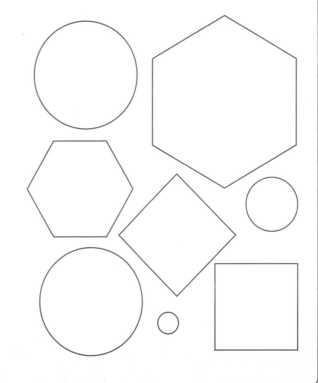

El tiempo a intervalos de 5 minutos

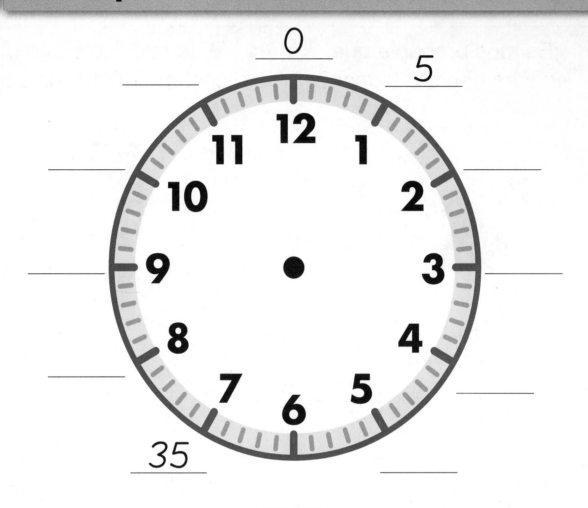

¿Cuántos minutos hay en:

1. 1 hora? _____ minutos

2. media hora? _____ minutos

3. un cuarto de hora? _____ minutos

4. tres cuartos de hora? _____ minutos

LECCIÓN 6·10   Notación digital

Dibuja la manecilla de la hora y la de los minutos.

1.

4:00

2.

2:30

3.

6:15

Escribe la hora.

4.

_____ : _____

5.

_____ : _____

6.

_____ : _____

Crea tus propias horas. Dibuja la manecilla de la hora y la de los minutos. Escribe la hora.

7.

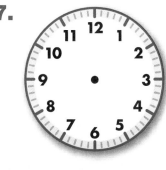

_____ : _____

8.

_____ : _____

9.

_____ : _____

LECCIÓN
6·10

Cajas matemáticas

1. Mide tu zapato.

Mide aproximadamente

_____ cm.

2. ¿Cuánto dinero hay?

_____ ¢

Usa P, N, D y Q para mostrar esta cantidad con menos monedas.

3. Escribe <, > ó =.

 ☐ D

20¢ ☐

24¢ ☐ $0.18

 ☐ 40¢

4. Cuenta hacia adelante de 10 en 10.

50, _____, _____,

_____, _____, _____,

_____, _____, _____

LECCIÓN 6·11 Búsqueda del tesoro de *Mi libro de consulta*

INICIO
Ve a los Contenidos.

¿Qué sección es sobre Medidas?
Rellena el círculo que está junto a la mejor respuesta.

(A) 5ta sección   (B) 3ra sección

(C) 4ta sección   (D) 6ta sección

Encuentra 2 herramientas en la sección de medidas. Dibújalas.

Esta herramienta está en la página _____.

Esta herramienta está en la página _____.

Ve a la página 96.

Dibuja un patrón que veas.

Ve a la sección de Juegos.

Halla tu juego de matemáticas favorito de primer grado.

Mi juego de matemáticas favorito de primer grado es

_____.

Mi juego de matemáticas favorito de primer grado está en la página _____.

FINAL

LECCIÓN 6·11 Objetos de 1 y de 10 centímetros

1. Halla 3 objetos que midan alrededor de 1 centímetro de largo.

Describe con palabras o dibujos los objetos que encontraste.

2. Halla 3 objetos que midan alrededor de 10 centímetros de largo.

Describe con palabras o dibujos los objetos que encontraste.

LECCIÓN 6·11 Cajas matemáticas

1. ¿Es más probable que saques negro o blanco?

_____

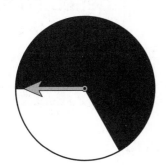

MLC 47 y 48

2. ¿Cuántos centímetros de largo mide la línea?

_____

Rellena el círculo que está junto a la mejor respuesta.

Ⓐ alrededor de 2 cm

Ⓑ alrededor de 3 cm

Ⓒ alrededor de 6 cm

Ⓓ alrededor de 7 cm

MLC 66

3. Escribe la familia de operaciones.

Total	
9	
Parte	Parte
9	0

_____ + _____ = _____

_____ + _____ = _____

_____ − _____ = _____

_____ − _____ = _____

MLC 25–27

4. Sombrea todos los cuadrados.

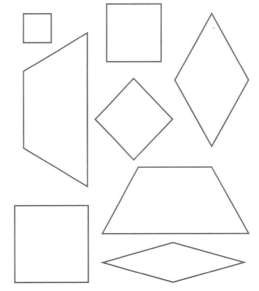

MLC 55

LECCIÓN 6·12   **Resultados de la clase de las cuentas con la calculadora**

1. Conté hasta _____ en 15 segundos.

2. Resultados de la clase:

Conteo mayor	Conteo menor	Rango de conteos de la clase	Valor de en medio de los conteos de la clase
_____	_____	_____	_____

3. Haz una gráfica de barras con los resultados.

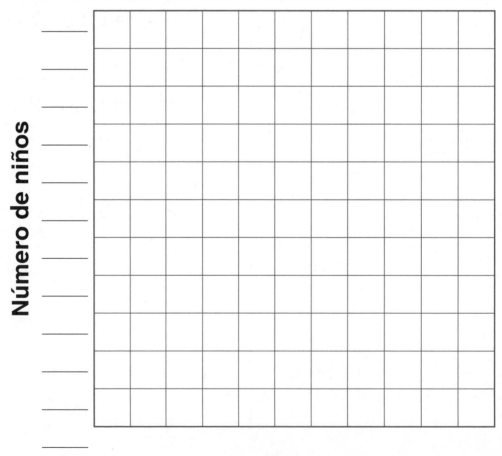

Resultados de las cuentas con la calculadora

Número de niños

Contó hasta

LECCIÓN 6·12 **Cajas matemáticas**

1. Traza un segmento de recta que mida aproximadamente 7 centímetros.

MLC 66

2. ¿Cuánto dinero es ?

Rellena el círculo que está junto a la mejor respuesta.

Ⓐ 78¢

Ⓑ 33¢

Ⓒ 73¢

Ⓓ 45¢

MLC 88 y 89

3. Escribe $<$, $>$ ó $=$.

7 + 6 ☐ 12

13 ☐ 6 + 7

14 − 6 ☐ 7

8 ☐ 15 − 6

MLC 9

4. Cuenta hacia adelante de 5 en 5.

25, _____, _____,

_____, _____, _____,

_____, _____, _____

LECCIÓN 6·13 **Cajas matemáticas**

---

1. Dibuja líneas para unir las figuras que se parecen.

Columna A   Columna B

---

2. Sombrea el cuadrado más grande.

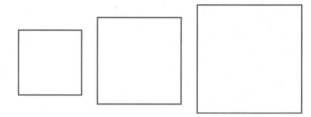

---

3. Dibuja líneas para unir las figuras que se parecen.

Columna A   Columna B

---

4. Sombrea todos los triángulos.

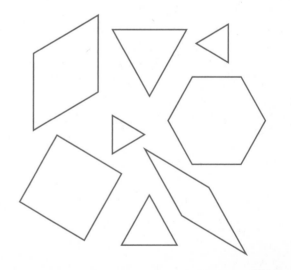

LECCIÓN 7·1 *Hacer mi diseño*

Materiales ☐ bloques geométricos
☐ carpeta

Jugadores 2

Destreza Crear diseños con bloques geométricos

Objetivo del juego Crear un diseño idéntico al diseño del otro jugador

Instrucciones:

1. El primer jugador elige 6 bloques. El segundo jugador junta los mismos 6 bloques.

2. Los jugadores se sientan uno frente al otro con una carpeta entre ellos.

3. El primer jugador crea un diseño con los bloques.

4. Utilizando solamente palabras, el primer jugador le dice al segundo jugador cómo "Hacer mi diseño". El segundo jugador puede hacer preguntas sobre las instrucciones.

5. Los jugadores quitan la carpeta y observan los dos diseños. Los jugadores comentan si los dos diseños se parecen.

6. Los jugadores cambian de rol y vuelven a jugar.

LECCIÓN 7·1 Cajas matemáticas

1. Sombrea las figuras grandes.

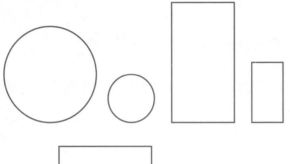

2. Halla las sumas. Encierra en un círculo las sumas pares.

$$\begin{array}{r} 4 \\ +\ 4 \\ \hline \end{array} \qquad \begin{array}{r} 8 \\ +\ 1 \\ \hline \end{array}$$

$5 + 0 =$ _____

$6 + 6 =$ _____

MLC
96–97

3. Dibuja y resuelve.

Hay 6 pájaros en una cerca. 4 se van volando.

¿Cuántos pájaros quedan?

_____ pájaros.

4. Muestra 53¢ de dos maneras.

Usa Ⓠ, Ⓓ, Ⓝ y Ⓟ.

MLC
88–89

LECCIÓN 7·2 | **Cajas matemáticas**

---

1. Dibuja lo que sigue.

☐　　☐☐　　☐☐☐　　☐☐☐☐　　_____

---

2. Resta.

$5 - 1 =$ _____　　　_____ $= 4 - 0$

$$\begin{array}{r} 3 \\ -\ 3 \\ \hline \end{array}$$

$$\begin{array}{r} 6 \\ -\ 1 \\ \hline \end{array}$$

---

3. Dibuja las manecillas.

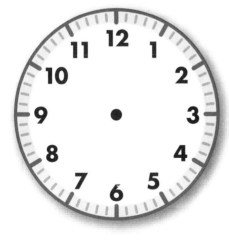

2:30

4. Completa esta parte de la cuadrícula de números.

	82	83
91		
101		103
111	112	
121	122	123

Figuras de la Plantilla de bloques geométricos

1. Usa tu plantilla para dibujar cada figura.

cuadrado	triángulo grande	hexágono pequeño
trapecio	triángulo pequeño	rombo gordo
círculo grande	rombo flaco	hexágono grande

Fecha _____

2. Dibuja figuras que tengan exactamente 4 lados y 4 esquinas. Escribe sus nombres.

_____   _____

_____   _____

LECCIÓN 7·3

Cajas matemáticas

---

1. Halla el cuadrado pequeño. Sombréalo.

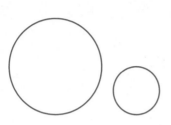

2. Halla las sumas. Encierra en un círculo las sumas impares.

$$3 + 3$$

$$1 + 4$$

_____ $= 0 + 10$

$3 + 4 =$ _____

---

3. Dibuja y resuelve.

Hay 8 globos.
4 se pinchan.
¿Cuántos globos quedan?

Rellena el círculo que está junto a la mejor respuesta.

○ **A.** 0   ○ **B.** 6

○ **C.** 4   ○ **D.** 12

4. Muestra 81¢ de dos maneras.

Usa Ⓠ, Ⓓ, Ⓝ y Ⓟ.

LECCIÓN 7·4 Polígonos

Triángulos

Polígonos de 4 lados

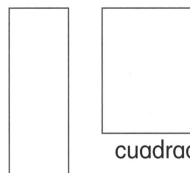

cuadrángulo

cuadrado

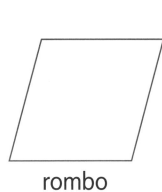

rectángulo

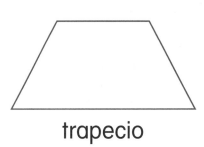

rombo

trapecio

Otros polígonos

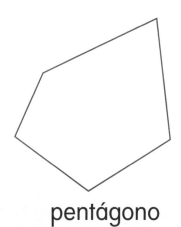

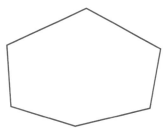

hexágono

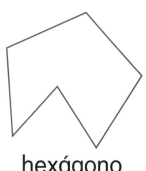

pentágono

hexágono
cóncavo

LECCIÓN 7·4

Cajas matemáticas

1. Dibuja lo que sigue.

_____

2. Resta.

$$2 - 1$$

$$4 - 4$$

$$3 - 2$$

$$6 - 0$$

3. Anota la hora.

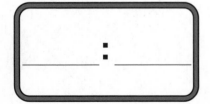

:
_____

4. Completa esta parte de la cuadrícula de números.

88		
98		100
	109	110
118	119	120
128	129	

LECCIÓN 7·5 **Cajas matemáticas**

1. Encierra en un circulo el nombre de esta figura tridimensional.

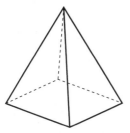

pirámide   prisma

2. Encierra en un círculo los 4 polígonos.

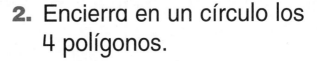

3. Estaturas del 1° grado

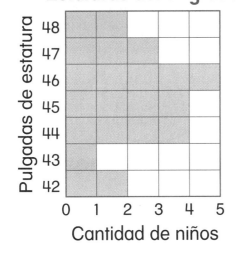

Pulgadas de estatura / Cantidad de niños

Menor cantidad de pulgadas de estatura: _____ pulgadas

Mayor cantidad de pulgadas de estatura: _____ pulgadas

4. Dibuja una línea para cortar la pizza por la mitad.

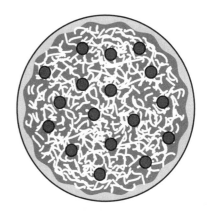

Cartel de figuras tridimensionales

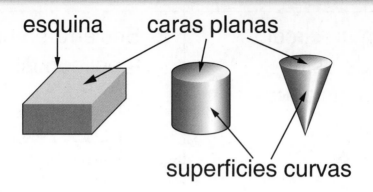

esquina   caras planas

superficies curvas

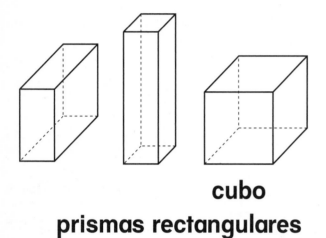

cubo

prismas rectangulares

esfera

cilindros

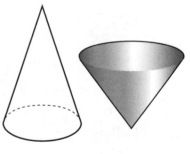

conos

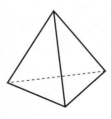
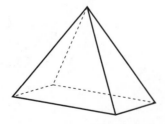
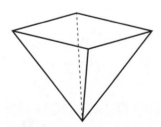
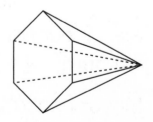

pirámides

LECCIÓN 7·6 Identificar las figuras tridimensionales

¿Qué clase de figura es cada objeto?
Escribe su nombre debajo del dibujo.

1.

_____

2.

_____

3.

_____

4.

_____

5.

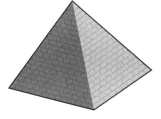

_____

6.

_____

Cajas matemáticas

1. Dibuja lo que sigue.

_____

2. Resta.

$$7 - 0$$

$$5 - 5 = \underline{\hspace{1cm}}$$

$$5 - 3$$

$$4 - 2$$

3. ¿Qué hora es?

Rellena el círculo que está junto a la mejor respuesta.

○ **A.** 9:30   ○ **B.** 6:09

○ **C.** 7:45   ○ **D.** 6:45

4. Completa esta parte de la cuadrícula de números.

104	105	106
	115	116
124	125	
		136
144	145	

LECCIÓN 7·7

Cajas matemáticas

1. Nombra o dibuja 3 cilindros que haya en tu salón.

MLC 57

2. Nombra esta figura.

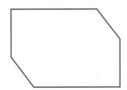

Rellena el círculo que está junto a la mejor respuesta.

○ **A.** rombo

○ **B.** trapecio

○ **C.** hexágono

○ **D.** cuadrado

MLC 54–55

3. Estaturas del 1° grado

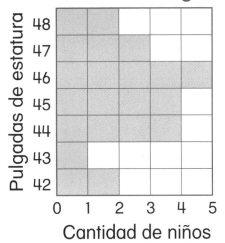

Pulgadas de estatura

48
47
46
45
44
43
42

0 1 2 3 4 5

Cantidad de niños

¿Cuál es el valor de en medio?

Aproximadamente _____ pulgadas

MLC 46

4. Dibuja una línea para cortar la galleta por la mitad.

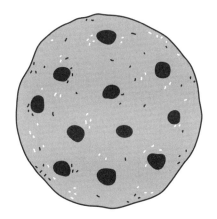

Fecha

Cajas matemáticas

1. Divide cada figura por la mitad.

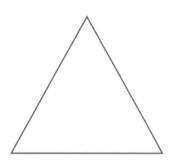

2. Completa esta parte de la cuadrícula de números.

123	124	
133	134	135
		145
153	154	
	164	165

3. ¿Cuánto dinero hay?

Ⓠ Ⓝ Ⓓ Ⓝ Ⓓ Ⓟ Ⓝ

_____ ¢

Usa Ⓠ, Ⓓ, Ⓝ y Ⓟ para mostrar esta cantidad con menos monedas.

4. Muestra 65¢ de dos maneras.

Usa Ⓠ, Ⓓ, Ⓝ y Ⓟ.

Fecha

LECCIÓN 8·1

¿Cuánto dinero hay?

Anota cuánto dinero hay.

1.

2.

_____ ¢

_____ ¢

Señala las monedas que necesitas para comprar cada objeto.

3.

86¢
cristal

4.

59¢
caballo

LECCIÓN 8·1 **La hora**

Dibuja las manecillas.

1.

10:00

2.

6:30

3.

1:45

4.

8:15

5.

11:05

6.

2:35

Fecha

LECCIÓN 8·1 **Cajas matemáticas**

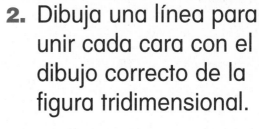

1. ¿Cuánto dinero hay?

Ⓠ Ⓠ Ⓠ Ⓠ Ⓠ Ⓓ Ⓟ

_____ ¢, o sea,

$ _____

MLC 88–90

2. Dibuja una línea para unir cada cara con el dibujo correcto de la figura tridimensional.

Columna A   Columna B

MLC 58

3. Suma.

```
   7          2
 + 3        + 6
```

```
   2          8
 + 2        + 1
```

4. Usa tu cuadrícula de números. Empieza en 59. Cuenta 20 hacia atrás.

_____ = 59 − 20

MLC 32

ciento cincuenta y tres **153**

LECCIÓN 8·2 Comparar cantidades de dinero

Escribe <, > ó =.

> < es menor que
> = es igual a
> > es mayor que

1. 2 *dimes* ☐ $0.25

2. 50¢ ☐ 5 *pennies*

3. 4 *quarters* ☐ 100¢

4. 100¢ ☐ 20 *nickels*

5. $1.25 ☐ 120¢

6. $1.75 ☐ 7 *quarters*

7. 200¢ ☐ 10 *dimes* y 10 *nickels*

8. $1.44 ☐ 1 dólar, 4 *dimes* y 4 *pennies*

Cajas matemáticas

1. Usa
para mostrar esta cantidad.

$3.49

MLC
88–90

2. Éste es un dibujo de una figura. Encierra en un círculo el nombre de la figura.

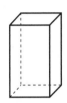

prisma   pirámide

MLC
56–57

3. Resta.

6	5
− 3	− 4

9	3
− 1	− 3

4. Suma.

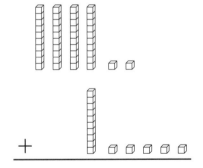

MLC
28

LECCIÓN 8·3 Adivinanzas con centenas, decenas y unidades

Centenas	Decenas	Unidades

Resuelve las adivinanzas. Usa tus bloques de base 10 como ayuda.

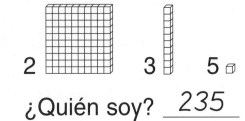

Ejemplo: 2   3   5

¿Quién soy? __235__

1. 7   2

¿Quién soy? _____

2. 2   3   4

¿Quién soy? _____

3. 8 centenas, 5 decenas
y 2 unidades

¿Quién soy? _____

4. 4 centenas y 6 unidades

¿Quién soy? _____

Inténtalo

5. 2 centenas, 14 decenas y 5 unidades. ¿Quién soy? _____

6. 12 unidades, 7 decenas y 3 centenas. ¿Quién soy? _____

7. Crea tu propia adivinanza. Pide a un amigo que la resuelva.

LECCIÓN 8·3 **Cajas matemáticas**

1. Cuenta las monedas.

 Q Q Q N P P P

Elige la mejor respuesta.

A) 38¢

B) 88¢

C) 93¢

D) 83¢

2. Dibuja una línea para unir cada cara con el dibujo correcto de la figura tridimensional.

Columna A   Columna B

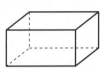

3. Suma.

$$\begin{array}{r} 5 \\ + 5 \\ \hline \end{array} \qquad \begin{array}{r} 7 \\ + 2 \\ \hline \end{array}$$

$$\begin{array}{r} 1 \\ + 4 \\ \hline \end{array} \qquad \begin{array}{r} 2 \\ + 3 \\ \hline \end{array}$$

4. Usa tu cuadrícula de números. Empieza en 71.
Cuenta 19 hacia adelante.

71 + 19 = _____

LECCIÓN 8·4 Minicartel de la tienda escolar 2

crayón
6¢

tijeras
32¢

pelota
35¢

chicle
2¢

lápiz
28¢

dulce
8¢

goma de borrar
17¢

Minicartel de la tienda escolar 3

LECCIÓN 8·4

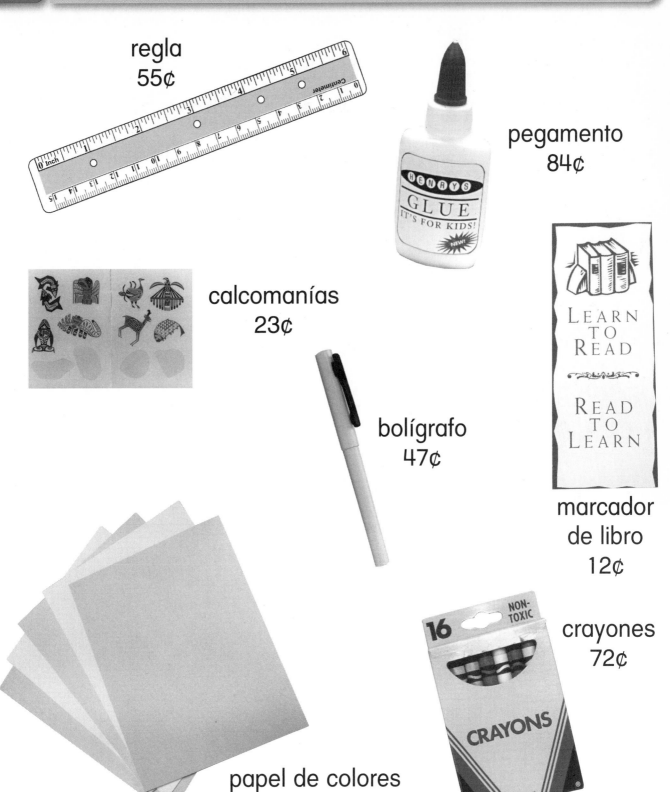

regla
55¢

pegamento
84¢

calcomanías
23¢

bolígrafo
47¢

marcador
de libro
12¢

papel de colores
64¢ por paquete

crayones
72¢

LECCIÓN 8·4

Historias de números

Historia de ejemplo

Compré una y una . Pagué 52 centavos.

Modelo numérico: 35¢ + 17¢ = 52¢

1. Historia 1

Modelo numérico: _____

2. Historia 2

Modelo numérico: _____

LECCIÓN 8·4 **Cajas matemáticas**

---

1. $1.00 =

_____ *pennies*

_____ *nickels*

_____ *dimes*

_____ *quarters*

---

2. Rotula o dibuja 2 objetos con la forma de un prisma rectangular.

---

3. Resta.

$$\begin{array}{r} 4 \\ -\ 2 \\ \hline \end{array} \qquad \begin{array}{r} 7 \\ -\ 1 \\ \hline \end{array}$$

$$\begin{array}{r} 6 \\ -\ 0 \\ \hline \end{array} \qquad \begin{array}{r} 10 \\ -\ 5 \\ \hline \end{array}$$

---

4. ¿Cuál es la suma?

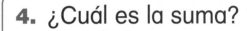

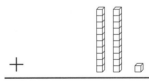

Elige la mejor respuesta.

Ⓐ 45　　　Ⓑ 87

Ⓒ 85　　　Ⓓ 78

Minicartel de la tienda del museo

concha de mar
48¢

cometa
$1.86

elefante
72¢

piedra
35¢

caballo
59¢

anillo
18¢

imán
$1.39

rompecabezas
85¢

avión
27¢

LECCIÓN 8·5 Dar cambio

Anota lo que compraste. Anota cuánto cambio recibiste.

Ejemplo:

Compré ___un avión___ a ___27___ centavos.

Le di _____ⒹⒹⒹ_____ al cajero.

Recibí _____ⓅⓅⓅ_____ de cambio.

---

1. Compré _____ a _____ centavos.

   Le di _____ al cajero.

   Recibí _____ de cambio.

---

2. Compré _____ a _____ centavos.

   Le di _____ al cajero.

   Recibí _____ de cambio.

---

3. Compré _____ a _____ centavos.

   Le di _____ al cajero.

   Recibí _____ de cambio.

LECCIÓN 8·5 **Cajas matemáticas**

---

1. Encierra en un círculo el lugar de las decenas.

36   120   59

66   20   104

MLC 10

2. Keisha compró una pelota a 25¢.

Compró un bate a 75¢.

¿Cuánto pagó Keisha?

_____ ¢, o sea, $_____ . _____

---

3. Dibuja la otra mitad.

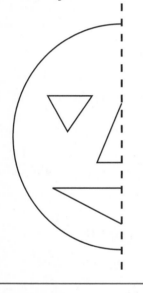

MLC 60

4. Dibuja un polígono de 6 lados.

MLC 52–53

---

5. Rotula la caja.
Agrega 3 nombres nuevos.

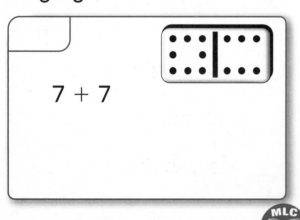

7 + 7

MLC 16

6. Resta.

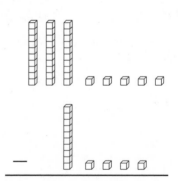

MLC 31

LECCIÓN 8·6 Partes iguales

Muestra cómo compartes las galletas saladas.

1 galleta, 2 personas

Mitades

1 galleta, 4 personas

Cuartos

1 galleta, 3 personas

Tercios

2 galletas, 4 personas

LECCIÓN 8·6

"¿Cuál es mi regla?"

Escribe la regla. Completa la tabla.

1. entra → **Regla** → sale

entra	sale
23	33
15	25
7	
37	

2. entra → **Regla** → sale

entra	sale
13	3
51	41
	8
29	

3. entra → **Regla** → sale

entra	sale
45	25
21	1
70	
	37

4. entra → **Regla** → sale

entra	sale
12	32
28	48
30	
	65

Crea tu propio problema.

5. entra → **Regla** → sale

entra	sale

6. entra → **Regla** → sale

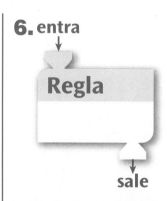

entra	sale

LECCIÓN 8·6 **Cajas matemáticas**

1. Un anillo cuesta 20¢.

Pago un Ⓠ.

¿Cuánto cambio recibiré?

_____ ¢

2. ¿Cuántas partes iguales hay?

Elige la mejor respuesta.

(A) 8   (B) 1   (C) 6   (D) 2

12

3. ¿Qué número es más probable que saques?

_____

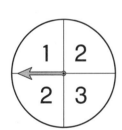

47–48

4. Escribe la familia de operaciones.

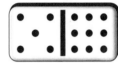

____ + ____ = ____

____ + ____ = ____

____ − ____ = ____

____ − ____ = ____

25

5. Completa la gráfica.
5 niños van en autobús.
3 niños van en bicicleta.

Cómo llegar a la escuela

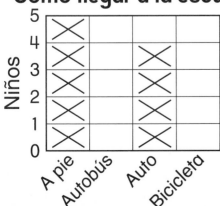

44

6. Usa <, > ó =.

9, 11

Partes iguales de enteros

¿Qué vaso está lleno hasta la mitad? Enciérralo en un círculo.

¿Qué rectángulos están divididos en tercios? Enciérralos en un círculo.

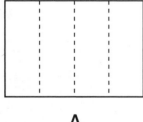

A

B

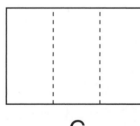

C

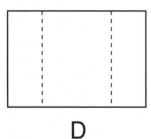

D

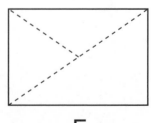

E

F

LECCIÓN 8·7 Fracciones

1. ¿Cuántas partes iguales hay? _____

Escribe una fracción en cada sección del círculo.

Colorea $\frac{1}{3}$ del círculo.

2. ¿Cuántas partes iguales hay? _____

Escribe una fracción en cada sección del cuadrado.

Colorea $\frac{1}{4}$ del cuadrado.

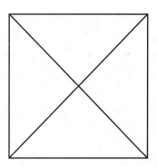

3. ¿Cuántas partes iguales hay? _____

Escribe una fracción en cada sección del hexágono.

Colorea $\frac{1}{6}$ del hexágono.

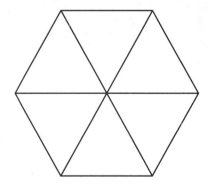

4. ¿Cuántas partes iguales hay? _____

Escribe una fracción en cada sección del rectángulo.

Colorea $\frac{1}{8}$ del rectángulo.

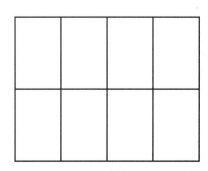

LECCIÓN 8·7

Cajas matemáticas

1. Encierra en un círculo el lugar de las centenas.

289   300   112

733   999   205

MLC 10

2. Carlos compró 3 lápices. Cada lápiz cuesta 10¢. ¿Cuánto pagó Carlos?

_____ ¢, o sea, $_____ .

3. Dibuja la otra mitad.

MLC 60

4. Usa un reglón.

Traza segmentos de recta para hacer un polígono.

MLC 52–53

5. Rotula la caja.
Agrega 3 nombres nuevos.

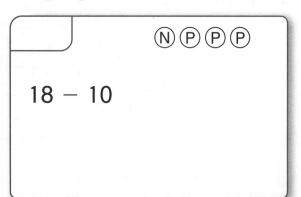

Ⓝ Ⓟ Ⓟ Ⓟ

18 − 10

MLC 16

6. Resta.

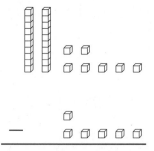

MLC 31

LECCIÓN 8·8 Compartir *pennies*

Usa tus *pennies* como ayuda para resolver los siguientes problemas.

Encierra en un círculo la parte de cada persona.

1. Mitades: 2 personas comparten por igual 8 *pennies*.

¿Cuántos *pennies* recibe cada persona? _____ *pennies*

---

2. Tercios: 3 personas comparten por igual 9 *pennies*.

¿Cuántos *pennies* recibe cada persona? _____ *pennies*

¿Cuántos *pennies* reciben en total 2 de las 3 personas?

_____ *pennies*

LECCIÓN 8·8

Compartir *pennies*, cont.

3. Quintos: 5 personas comparten por igual 15 *pennies*.

¿Cuántos *pennies* recibe cada persona? _____ *pennies*

¿Cuántos *pennies* reciben en total 3 de las 5 personas?

_____ *pennies*

4. Cuartos: 4 personas comparten 20 *pennies*.

¿Cuántos *pennies* recibe cada persona? _____ *pennies*

¿Cuántos *pennies* en total reciben 2 de las 4 personas?

_____ *pennies*

LECCIÓN 8·8

Cajas matemáticas

1. Una concha de mar cuesta $0.48. Pago 2 Ⓠ.

¿Cuánto cambio recibiré?

_____ ¢

2. Rotula cada parte igual.

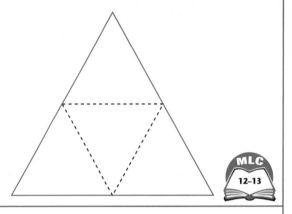

MLC 12–13

3. Completa la gráfica.

5 niños viven a 6 cuadras.
4 niños viven a 7 cuadras.

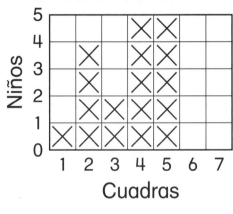

Cuadras de la escuela

MLC 44

4. Escribe la familia de operaciones.

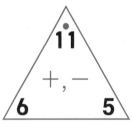

11
+, −
6   5

_____ + _____ = _____

_____ + _____ = _____

_____ − _____ = _____

_____ − _____ = _____

MLC 27

5. ¿Qué número es más probable que saques?

_____

MLC 47–48

6. Escribe <, > ó =.

13 ☐ 31

108 ☐ 80

1 + 2 ☐ 12

MLC 9

LECCIÓN 8·9

Cajas matemáticas

1. Encierra en un círculo el lugar de las unidades.

364   58   100

4   16   222

MLC 10

2. Compras 2 paquetes de semillas. Cada paquete cuesta 60¢.

¿Cuánto pagas?

_____ ¢, o sea, $_____._____

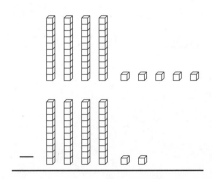

3. Divide cada figura por la mitad. Sombrea una mitad de cada figura.

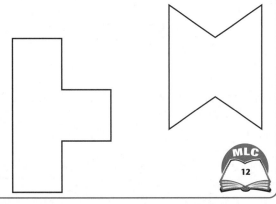

MLC 12

4. Nombra este polígono.

Elige la mejor respuesta.

(A) hexágono   (B) cuadrado

(C) rombo   (D) trapecio

MLC 54–55

5. Escribe 3 nombres más.

100

80 + 20

MLC 16

6. Resta.

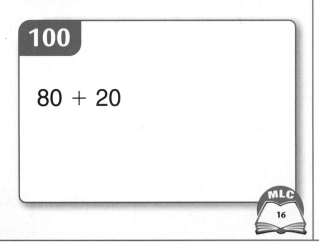

MLC 31

Fecha _____

LECCIÓN 8·10

Cajas matemáticas

1. Usa <, > ó =.

Ⓠ Ⓠ ☐ $0.25

$1.00 ☐ Ⓠ Ⓓ Ⓠ Ⓓ

10¢ + 20¢ ☐ Ⓝ Ⓠ

MLC
9, 88–90

2. Usa tu cuadrícula de números.

Empieza en 33.
Cuenta 9 hacia atrás.

$$\begin{array}{r} 33 \\ -\ 9 \\ \hline \end{array}$$

MLC
32

3. Resta.

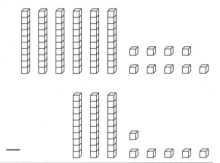

MLC
31

4. Suma.

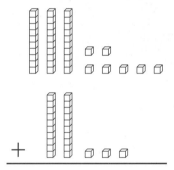

MLC
28

5. Resuelve.

3 + 4 = _____

_____ = 2 + 6

_____ = 5 − 1

6 − 3 = _____

6. Escribe 3 nombres.

$1.00

MLC
16

LECCIÓN 9·1 — A la caza en la cuadrícula de números

0	10								90		
-1	9	19					69				109
-2	8			38				78			
-3	7										
-4	6								86		
-5	5	15				55					
-6	4			34							104
-7	3									93	
-8	2		22								
-9	1										

LECCIÓN 9·1   Cajas matemáticas

1. Usa tu cuadrícula de números. Empieza en 26. Cuenta 14 hacia adelante.

$$26$$
$$+\ 14$$

MLC
29

2. Sombrea $\frac{1}{4}$ del círculo.

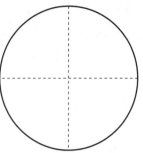

MLC
13

3. Completa los números que faltan.

entra

Regla
Suma 5

sale

entra	sale
8	
12	
29	
41	
100	

MLC
100–102

4. Escribe la familia de operaciones.

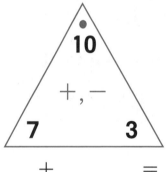

10

$+, -$

7   3

_____ + _____ = _____

_____ + _____ = _____

_____ − _____ = _____

_____ − _____ = _____

MLC
27

5. Anota la hora.

_____ : _____

MLC
81

6. Freddy tiene Ⓠ Ⓓ Ⓓ Ⓝ.
Jewel tiene Ⓓ Ⓓ Ⓝ Ⓓ Ⓓ Ⓟ.

¿Quién tiene más dinero?

_____

¿Cuánto dinero más?

_____ ¢

LECCIÓN 9·2
El juego de la cuadrícula de números

Materiales
☐ una cuadrícula de números

☐ un dado

☐ una ficha por cada jugador

Jugadores   2 o más

Destreza   Contar en la cuadrícula de números

Objetivo del juego   Llegar a 110 con un tiro exacto

1. Los jugadores colocan sus fichas en 0 en la cuadrícula de números.

2. Túrnense. Cuando sea tu turno:

   ◆ Tira el dado.

   ◆ Usa la tabla para ver cuántos espacios debes mover tu ficha.

   ◆ Mueve tu ficha esa cantidad de espacios.

3. Continúa jugando. El ganador es el primer jugador que llega a 110 con un tiro exacto.

Tiro	Espacios
⚀	1 ó 10
⚁	2 ó 20
⚂	3
⚃	4
⚄	5
⚅	6

LECCIÓN 9·2 Cajas matemáticas

1. Usa tu cuadrícula de números. Empieza en 90. Cuenta 25 hacia atrás.

$$\begin{array}{r} 90 \\ -\ 25 \\ \hline \end{array}$$

2. Halla las sumas.

2 + 5 = _____

12 + 5 = _____

42 + 5 = _____

102 + 5 = _____

3. Sombrea $\frac{1}{2}$ de los *pennies*.

4. Asha compró un llavero a 43¢.

Pagó .

¿Cuánto cambio recibió?

_____¢

Muestra esta cantidad con .

5. Completa los números que faltan.

Regla						
−1	653	652				

6. Encierra en círculos los cuatro polígonos.

Acertijos de cuadrículas de números 1

0						60				
	9									
	7									
							66			
					44					
	2									
		21					61		91	

LECCIÓN 9·3 **Cajas matemáticas**

1. Usa tu cuadrícula de números. Empieza en 36. Cuenta 22 hacia adelante.

36 + 22 = _____

MLC 29

2. Divide el rombo por la mitad. Sombrea $\frac{1}{2}$.

MLC 13

3. Halla la regla y los números que faltan.

entra

Regla

sale

entra	sale
15	5
21	
84	74
	94

MLC 100–102

4. Escribe la familia de operaciones.

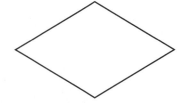

_____ + _____ = _____

_____ + _____ = _____

_____ − _____ = _____

_____ − _____ = _____

MLC 27

5. ¿Qué hora es?

Rellena el círculo que está junto a la mejor respuesta.

Ⓐ 2:20

Ⓑ 4:02

Ⓒ 4:10

Ⓓ 2:04

MLC 81

6. Jonah tiene Ⓠ Ⓓ Ⓓ Ⓠ Ⓟ Ⓟ Ⓟ.

Mari tiene Ⓠ Ⓓ Ⓝ Ⓝ Ⓓ Ⓠ Ⓟ.

¿Quién tiene más dinero?

_____

¿Cuánto dinero más?

_____ ¢

Fecha _____

 LECCIÓN 9·4 **Cuentos absurdos de animales**

Ejemplo:

Unidad
pulgadas

koala
24 pulg

pingüino
36 pulg

¿Cuánto miden de alto el koala y el pingüino juntos?

24 + 36 = 60

60 pulgadas

---

1. Cuento absurdo

Unidad

---

2. Cuento absurdo

Unidad

LECCIÓN 9·4 **Cajas matemáticas**

1. Usa tu cuadrícula de números. Empieza en 48. Cuenta 15 hacia atrás.

48 − 15 = ?

Rellena el círculo que está junto a la mejor respuesta.

Ⓐ 43   Ⓑ 33
Ⓒ 63   Ⓓ 36

2. Resuelve.

16 − 9 = _____

26 − 9 = _____

56 − 9 = _____

106 − 9 = _____

3. Dibuja 12 *dimes.* Usa Ⓓ.

Sombrea $\frac{1}{4}$ de los *dimes.*

4. Un dinosaurio de juguete cuesta 89¢.
Pagué $1.00.

¿Cuánto cambio recibo?

_____ ¢

Muestra esta cantidad con Ⓓ, Ⓝ y Ⓟ.

5. Halla la regla. Completa los números que faltan.

| Regla | | 165 | 265 | 365 | | |

6. Encierra en círculos los 3 polígonos.

LECCIÓN 9·5   Registro de mi estatura

Primera medición

Fecha _____

Estatura: alrededor de _____ pulgadas

La estatura típica de un niño de mi clase de primer grado es

alrededor de _____ pulgadas.

Segunda medición

Fecha _____

Estatura: alrededor de _____ pulgadas

La estatura típica de un niño de mi clase de primer grado es

alrededor de _____ pulgadas.

La estatura media de un niño de mi clase es de alrededor de

_____ pulgadas.

Cambio en la estatura

Crecí alrededor de _____ pulgadas.

El crecimiento típico de un niño de mi clase fue de alrededor de

_____ pulgadas.

LECCIÓN 9·5

Cajas matemáticas

1. Halla las sumas.

2 + 6 = _____

20 + 60 = _____

200 + 600 = _____

2. Completa el acertijo de la cuadrícula de números.

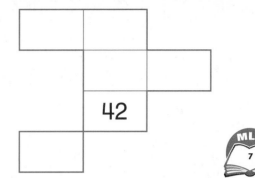

42

MLC 7

3. Rotula cada parte.

Sombrea $\frac{1}{3}$ del rectángulo.

MLC 13

4. Encierra en círculos las 4 letras que son simétricas.

A P H E

L V F Q

MLC 60

5. Myla compra 2 artículos en la tienda.

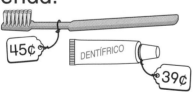

45¢   DENTÍFRICO   39¢

¿Cuánto dinero gasta?

_____

Muestra esta cantidad con Ⓠ, Ⓓ, Ⓝ y Ⓟ.

6. Este dibujo es una figura tridimensional.

Encierra en un círculo el nombre de la figura.

pirámide   cono

MLC 56–57

LECCIÓN 9·6

Fracciones con bloques geométricos

Usa los bloques geométricos para dividir cada figura en partes iguales. Dibuja las partes con tu Plantilla de bloques geométricos. Sombrea partes de las figuras.

1. Divide el rombo por la mitad. Sombrea $\frac{1}{2}$ del rombo.

2. Divide el trapecio en tercios. Sombrea $\frac{2}{3}$ del trapecio.

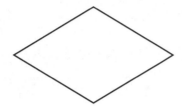

3. Divide el hexágono por la mitad. Sombrea $\frac{2}{2}$ del hexágono.

4. Divide el hexágono en tercios. Sombrea $\frac{2}{3}$ del hexágono.

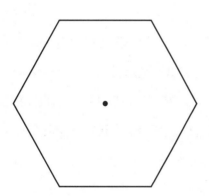

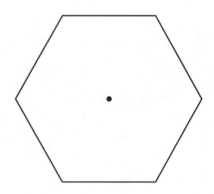

5. Divide el hexágono en sextos. Sombrea $\frac{4}{6}$ del hexágono.

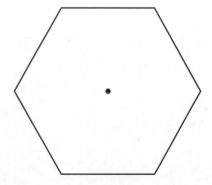

LECCIÓN 9·6 **Cajas matemáticas**

1. Resuelve.

_____ = 9 + 9

_____ = 90 + 90

$$\begin{array}{rrr} 7 & 70 & 700 \\ -\ 5 & -\ 50 & -\ 500 \end{array}$$

2. Divide el rectángulo en cuartos. Sombrea $\frac{3}{4}$ del rectángulo.

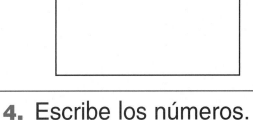

 12, 13

3. Dibuja y resuelve.

Griffin tenía 14 peces.

Regaló $\frac{1}{2}$.

¿Cuántos peces quedaron?

_____ peces

14

4. Escribe los números.

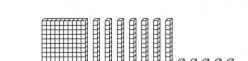

_____

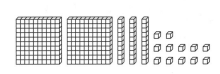

_____

10, 11

5.

Estipendio semanal

44

Estipendio menor: $_____

Estipendio mayor: $_____

6. Anota la temperatura.

 °F

_____ °F

¿Par o impar?

_____

 87, 97

LECCIÓN 9·7   Tiras de fracciones

Usa tus tiras de fracciones para comparar las fracciones.

< es menor que

> es mayor que

= es igual a

Unidad

Tira de 1

1. $\dfrac{1}{2}$ ☐ $\dfrac{1}{4}$

2. $\dfrac{1}{8}$ ☐ $\dfrac{1}{4}$

3. $\dfrac{1}{2}$ ☐ $\dfrac{1}{8}$

4. $\dfrac{1}{2}$ ☐ $\dfrac{1}{3}$

5. $\dfrac{1}{6}$ ☐ $\dfrac{1}{3}$

6. $\dfrac{1}{4}$ ☐ $\dfrac{1}{3}$

7. $\dfrac{1}{4}$ ☐ $\dfrac{1}{6}$

8. $\dfrac{1}{2}$ ☐ $\dfrac{1}{6}$

Inténtalo

9. $\dfrac{1}{2}$ ☐ $\dfrac{2}{3}$

10. $\dfrac{2}{4}$ ☐ $\dfrac{1}{2}$

LECCIÓN 9·7 Cajas matemáticas

1. Resuelve.

7 − 4 = _____

70 − 40 = _____

700 − 400 = _____

2. Completa el acertijo de la cuadrícula de números.

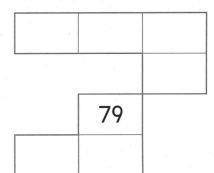

79

MLC
7

3. Rotula cada parte. Sombrea $\frac{5}{6}$ del hexágono.

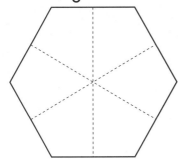

MLC
13

4. Encierra en un círculo los 3 números que son simétricos.

1   6   3

0   5   4

MLC
60

5. Diego compra 2 artículos en la tienda.

PAPEL DE DIBUJO

$1.50

CRAYONES

29¢

¿Cuánto dinero gasta?
$_____
Muestra esta cantidad con
$1 , Q , D , N y P .

6. Este dibujo es una figura tridimensional. Nombra la figura.

Rellena el círculo que está junto a la mejor respuesta.

Ⓐ esfera   Ⓑ cubo

Ⓒ cilindro   Ⓓ cono

MLC
56–57

LECCIÓN 9·8

Muchos nombres para las fracciones

tira de 1

Usa tus piezas de fracciones como ayuda para resolver los siguientes problemas.

Ejemplo:

$$4 \boxed{\dfrac{1}{8}} = \boxed{\dfrac{1}{2}}$$

$$\dfrac{4}{8} = \dfrac{1}{2}$$

1.

$$\underline{} \boxed{\dfrac{1}{6}} = \boxed{\dfrac{1}{3}}$$

$$\dfrac{}{6} = \dfrac{1}{3}$$

2.

$$\underline{} \boxed{\dfrac{1}{8}} = \boxed{\dfrac{1}{4}}$$

$$\dfrac{}{8} = \dfrac{1}{4}$$

LECCIÓN 9·8 **Muchos nombres para las fracciones,** *cont.*

3.

$\dfrac{1}{6}$	=	$\dfrac{1}{3}$	$\dfrac{1}{3}$

$$\dfrac{}{6} = \dfrac{2}{3}$$

4.

$\dfrac{1}{8}$	=	$\dfrac{1}{4}$	$\dfrac{1}{4}$

$$\dfrac{}{8} = \dfrac{2}{4}$$

5.

$\dfrac{1}{8}$	=	$\dfrac{1}{4}$	$\dfrac{1}{4}$	$\dfrac{1}{4}$

$$\dfrac{}{8} = \dfrac{3}{4}$$

LECCIÓN 9·8 **Cajas matemáticas**

1. Resuelve.

_____ = 9 − 5

_____ = 90 − 50

6	60	600
+ 4	+ 40	+ 400

2. ¿Qué fracción está sombreada? Rellena el círculo que está junto a la mejor respuesta.

Ⓐ $\dfrac{1}{3}$ Ⓑ $\dfrac{3}{8}$

Ⓒ $\dfrac{8}{3}$ Ⓓ $\dfrac{3}{1}$

MLC 13

3. Dibuja y resuelve.
Emma tenía 15 uvas.
Le dio $\dfrac{1}{3}$ a su hermana.
¿Cuántas uvas recibió su hermana?

_____ uvas

MLC 14

4. Escribe los números.

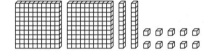

_____

_____

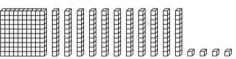

_____

MLC 10, 11

5. **Libros leídos en una semana**

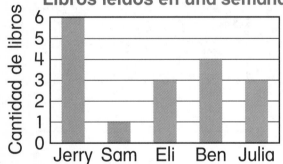

Menor cantidad
de libros leídos: _____
Mayor cantidad
de libros leídos: _____
Rango: _____

MLC 44, 45

6. Anota la temperatura.

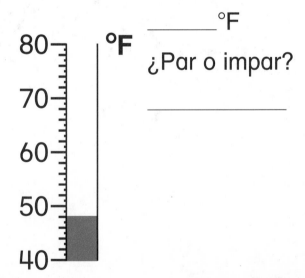

_____ °F

¿Par o impar?

_____

MLC 87, 97

Cajas matemáticas

---

1. Menor cuenta:

_____

Mayor cuenta:

_____

Rango:

_____

Cuentas con la calculadora en 15 segundos

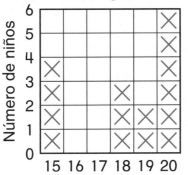

Número de niños

15 16 17 18 19 20
Contaron hasta

44, 45

---

2. Sam compra 2 artículos en la tienda.

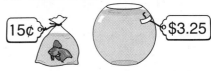

¿Cuánto dinero gasta?

_____

Muestra esta cantidad con $1, Ⓠ, Ⓓ, Ⓝ y Ⓟ.

88–90

---

3. Tienes $1.00.
Compras un pretzel que cuesta 75¢.

¿Cuánto cambio recibes?

_____¢

Muestra esta cantidad con Ⓠ, Ⓓ, Ⓝ y Ⓟ.

---

4. Pedro tiene
ⓆⒹⓃⓅⓃⓃⒹ.
Claudia tiene
ⒹⒹⓃⓆⓃⓆⓅ.

¿Quién tiene más dinero?

_____

¿Cuánto dinero más?

_____¢

---

5. Usa una regla.
Dibuja un polígono de 4 lados.

52–53

---

6. Dibuja las manecillas.

9:35

81

LECCIÓN 10·1 Cajas matemáticas

1. Anota las temperaturas.

Temperaturas
registradas este mes

Temperatura más fría:

_____°F

Temperatura más cálida:

____°F

Rango: _____°F

MLC
44–45

2. ¿Cuánto dinero tiene Kylie?

Ⓠ Ⓠ Ⓝ Ⓓ Ⓓ Ⓓ Ⓓ

$____.____

¿Cuánto dinero tiene Pete?

Ⓠ Ⓠ Ⓓ Ⓠ Ⓠ

$____.____

¿Quién tiene más dinero?

_____

¿Cuánto dinero más?

$____.____

3. Dibuja un triángulo con un lado de 1 pulgada de largo.

MLC
54

4. Encierra en un círculo la fracción mayor.

$\frac{2}{6}$ $\frac{1}{2}$

MLC
13

5. Completa los números que faltan.

entra

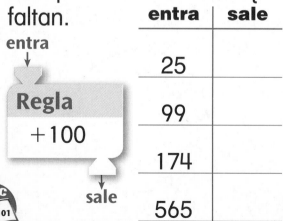

Regla

+100

sale

entra	sale
25	
99	
174	
565	

MLC
100–101

6. Dibuja un polígono de 4 lados.

MLC
52–53

Registro de carátulas de reloj

1. Pide a un compañero que muestre distintas horas en el reloj de la caja de herramientas. Dibuja las manecillas del reloj. Escribe las horas que correspondan.

_____:_____   _____:_____   _____:_____

2. Escribe una hora en cada carátula de reloj. Dibuja las manecillas que correspondan.

_____:_____   _____:_____   _____:_____

3. Pon las 3:00 en el reloj de la caja de herramientas.

   ¿Cuántos minutos faltan para las 3:25? _____ minutos

   Pon la 1:30 en el reloj.
   ¿Cuántos minutos faltan para la 1:55? _____ minutos

   Pon las 10:45 en el reloj.
   ¿Cuántos minutos faltan para las 11:20? _____ minutos

LECCIÓN 10·2 **Cajas matemáticas**

1. Dibuja y resuelve.

Hay 8 vasos.

5 están sucios.

¿Cuántos vasos están limpios?

_____ vasos

2. Compro una cometa por $1.89.

Pago $2.00.

¿Cuánto cambio recibo?

_____ ¢

3. Escribe $<$, $>$ ó $=$.

305 ☐ 385

113 ☐ 100 + 13

129 ☐

4. Completa el acertijo de la cuadrícula de números.

115

5. Escribe el número que es 10 más.

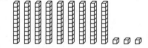

_____   _____

6. Completa la regla y los números que faltan.

Regla

266   268   ☐   ☐   ☐

Cartel de la máquina expendedora

Comprar de la máquina expendedora

Imagina que vas a comprar algo de la máquina expendedora.
Haz dibujos o escribe los nombres de lo que compras. Muestra
las monedas que usas para pagar. Escribe Ⓝ, Ⓓ y Ⓠ. Escribe
el costo total.

1.

2.

3.

4.

Muestra el costo de cada artículo. Usa Ⓝ, Ⓓ y Ⓠ.
Escribe el costo total.

5.

6.

Costo total: $_____   Costo total: $_____

LECCIÓN 10·3 Cajas matemáticas

1. Anota las horas.

Hora de acostarse de 1° grado

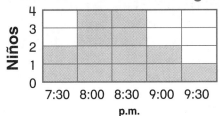

Hora más temprana: _____

Hora más tarde: _____

Rango: _____ horas

2. Clay tiene $1 Q D D D.

Rosa tiene
Q Q Q Q Q Q Q.

¿Quién tiene más dinero?

_____

¿Cuánto dinero más?

_____ ¢

3. Mide el segmento de recta. Mide aprox. _____ pulg de largo.

_____

Rellena el círculo que está junto a la mejor respuesta.

○ **A.** 9 ○ **B.** 3

○ **C.** $3\frac{1}{2}$ ○ **D.** $8\frac{1}{2}$

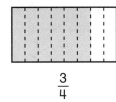

4. Encierra en un círculo la fracción mayor.

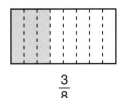

$\frac{3}{4}$ $\frac{3}{8}$

5. Completa los números que faltan.

entra

Regla

$+10$

sale

entra	sale
	18
	86
	103
	264

6.

¿Cuántos lados?

_____ lados

¿Cuántas esquinas?

_____ esquinas

LECCIÓN 10·4

Cajas matemáticas

1. Dibuja y resuelve.

Amelia tiene 12 fichas de damas.

6 fichas de damas son negras.

¿Cuántas fichas de damas no son negras?

_____ fichas de damas

2. Un imán cuesta $1.39.

Jamal tiene $1.25.

¿Cuánto dinero más necesita?

_____ ¢

$1.39

3. Escribe <, > ó =.

Ⓠ Ⓠ Ⓠ Ⓠ Ⓠ ☐ $1.25

Ⓠ Ⓓ Ⓓ Ⓝ Ⓓ ☐ $0.50

Ⓠ Ⓠ Ⓠ Ⓓ Ⓓ Ⓓ ☐ $1.00

MLC 9, 88, 89

4. Completa el acertijo de la cuadrícula de números.

		334

5. Escribe el número que es 10 más.

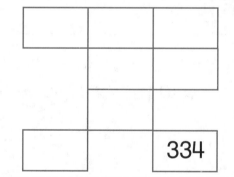 _____

_____

MLC 10–11

6. Completa la regla y los números que faltan.

Regla

		148	158	

MLC 98–99

Fecha _____

 LECCIÓN 10·5 **Algunos polígonos**

Triángulos

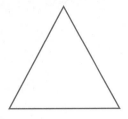

Cuadrángulos (Cuadriláteros)

trapecio

cometa

rombo

rectángulo

cuadrado

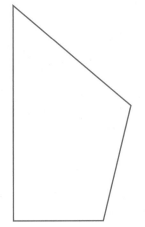

Otros polígonos

hexágono

octágono

pentágono

heptágono

LECCIÓN 10·5 Repasar los polígonos

Para hacer los siguientes polígonos, usa popotes y cierres de alambre. Dibuja los polígonos. Escribe el número de esquinas y lados de cada polígono.

1. Haz un cuadrado.

Número de lados _____

Número de esquinas _____

2. Haz un triángulo.

Número de lados _____

Número de esquinas _____

3. Haz un hexágono.

Número de lados _____

Número de esquinas _____

4. Haz el polígono que elijas.

Escribe el nombre. _____

Número de lados _____

Número de esquinas _____

5. Haz otro polígono que elijas.

Escribe el nombre. _____

Número de lados _____

Número de esquinas _____

LECCIÓN 10·5

Repasar las figuras tridimensionales

Banco de palabras		
esfera	prisma rectangular	pirámide
cubo	cono	cilindro

Escribe el nombre de cada figura tridimensional.

1.

_____

2.

_____

3.

_____

4.

_____

5.

_____

6.

_____

Cinco poliedros regulares

Las caras que forman cada figura son idénticas.

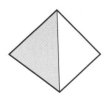 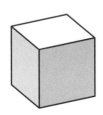  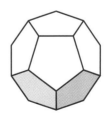 

tetraedro	cubo	octaedro	dodecaedro	icosaedro
4 caras	6 caras	8 caras	12 caras	20 caras

LECCIÓN 10·5

Cajas matemáticas

---

1. Resuelve.

$\frac{1}{2}$ de 50¢ = _____ ¢

$\frac{1}{2}$ de \$1.00 = _____ ¢

$\frac{1}{2}$ de \$2.00 = \$____.____

---

2. ¿Cuál es más probable que saques?

¿Negro o blanco?_____

¿○ o □? _____

47–48

---

3. Anota la hora.

_____:_____

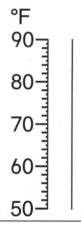
80–81

---

4. Sombrea el termómetro para mostrar 78° F.

°F
90
80
70
60
50

87

---

5. Rotula cada parte.

Sombrea $\frac{2}{6}$ del hexágono.

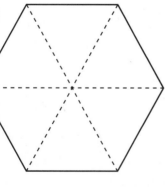

Escribe otro nombre para $\frac{2}{6}$. _____

13

---

6. Estos dibujos son figuras tridimensionales. Marca con una X las figuras que tienen todas las caras planas.

pirámide   esfera   cilindro   cubo

58

Mapa del clima de los Estados Unidos

Mapa del clima de los Estados Unidos: Temperaturas máximas/mínimas en primavera (°F)

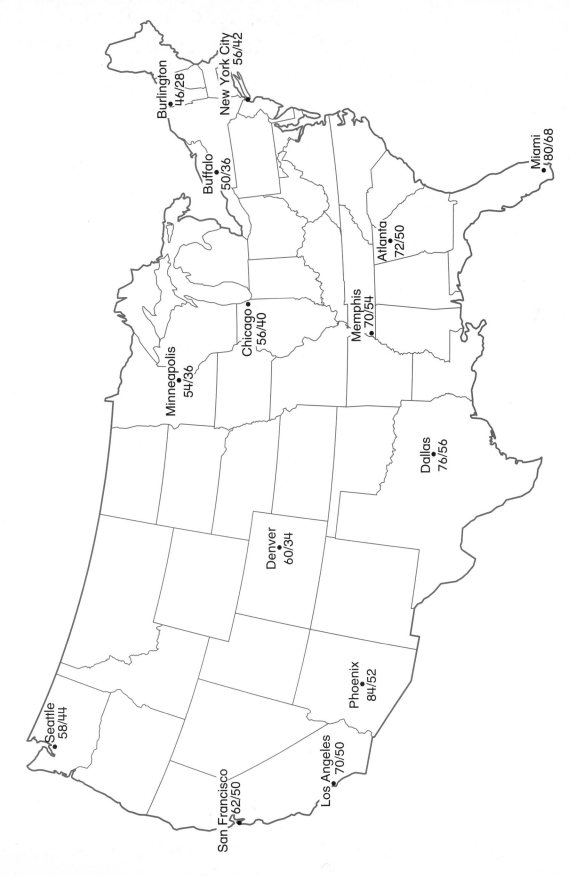

Burlington
46/28

New York City
56/42

Miami
80/68

Buffalo
50/36

Atlanta
72/50

Memphis
70/54

Chicago
56/40

Minneapolis
54/36

Dallas
76/56

Denver
60/34

Phoenix
84/52

Seattle
58/44

Los Angeles
70/50

San Francisco
62/50

LECCIÓN 10·6 Tabla de temperaturas

1.

Ciudad	Temperatura más cálida	Temperatura más fría	Diferencia
_____	_____ °F	_____ °F	_____ °F
_____	_____ °F	_____ °F	_____ °F
_____	_____ °F	_____ °F	_____ °F

2. De las 3 ciudades,

_____ es la más cálida, con temperaturas de _____ °F.

_____ es la más fría, con temperaturas de _____ °F.

La diferencia entre estas dos temperaturas es de _____ °F.

3. En el mapa,

_____ es la más cálida, con temperaturas de _____ °F.

_____ es la más fría, con temperaturas de _____ °F.

La diferencia entre estas dos temperaturas es de _____ °F.

LECCIÓN 10·6

Cajas matemáticas

1. Dibuja y resuelve.

Mateo quiere leer 8 libros.

Ha leído 2 libros.

¿Cuántos libros más debe leer Mateo?

_____ libros

2. Las gafas de sol cuestan $3.99.

Pago $5.00.

¿Cuánto cambio recibo?

Rellena el círculo que está junto a la mejor respuesta.

- ○ **A.** $2.99
- ○ **B.** $8.99
- ○ **C.** $8.00
- ○ **D.** $1.01

3. Escribe $<, >$ ó $=$.

$$10 + 23 \ \square \ 40$$

$$18 + 5 \ \square \ 5 + 18$$

$$32 \ \square \ 51 - 20$$

La mitad de 50 $\square$ 25

4. Completa el acertijo.

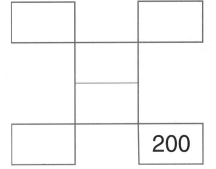

200

5. Escribe el número que es 10 menos.

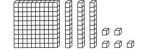

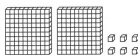

_____   _____

6. Completa los números que faltan.

Regla

+100

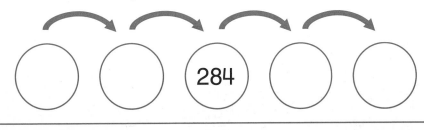

284

LECCIÓN 10·7 **Cajas matemáticas**

1. $2.00 =

_____ *pennies*

_____ *nickels*

_____ *dimes*

_____ *quarters*

2. ¿Cuál es más probable que saques?

¿Blanco o negro? _____

¿○ o □? _____

3. Dibuja las manecillas para mostrar las 10:45.

4. ¿Cuál es la temperatura? Rellena el círculo que está junto a la mejor respuesta.

○ **A.** 82°F

○ **B.** 85°F

○ **C.** 80°F

○ **D.** 90°F

5. Divide el cuadrado en secciones de $\frac{1}{4}$. Sombrea $\frac{2}{4}$.

Escribe otro nombre

para $\frac{2}{4}$. _____

6. Estos dibujos son figuras tridimensionales. Marca con una X las figuras con caras curvas.

cono   esfera   prisma   pirámide

LECCIÓN 10·8   Cajas matemáticas

1. ¿Qué hora es?

_____ : _____

MLC
80–81

2. Escribe la cantidad.

Q N D P P D

_____ ¢

3. ¿Qué día es hoy?

_____

¿Qué día será mañana?

_____

4. Completa el acertijo de la cuadrícula de números.

	125	
134		

5. Cuenta de 2 en 2.

36, _____, _____,

42, _____, _____,

48, _____, _____,

_____, 56, _____

6. ¿Cuál es la temperatura?

_____ °F   °F

90
80
70
60
50

MLC
87

Notas

Notas

LECCIÓN 6·4 Triángulos de operaciones 1

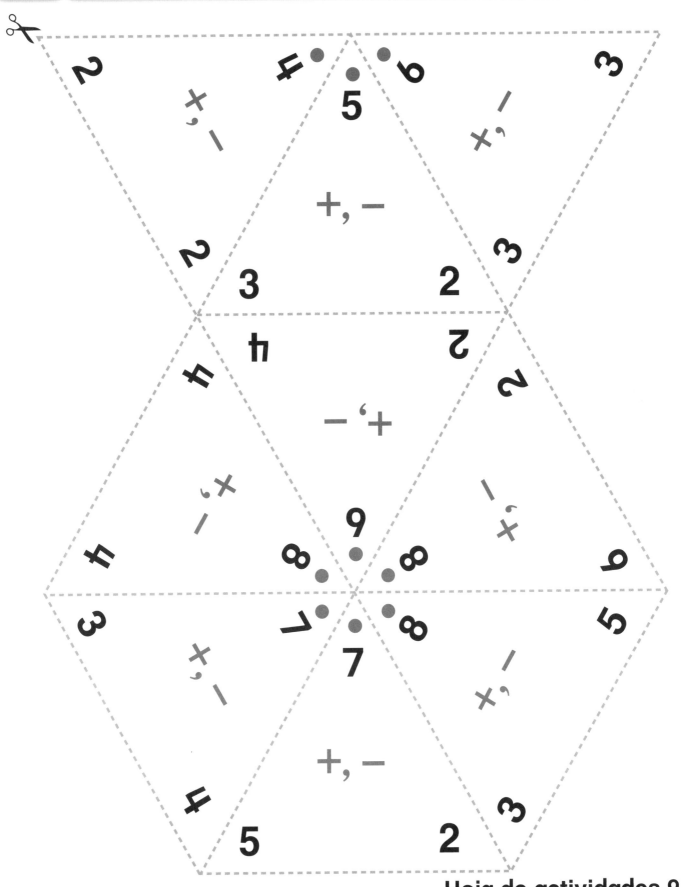

LECCIÓN 6·4

Triángulos de operaciones 2

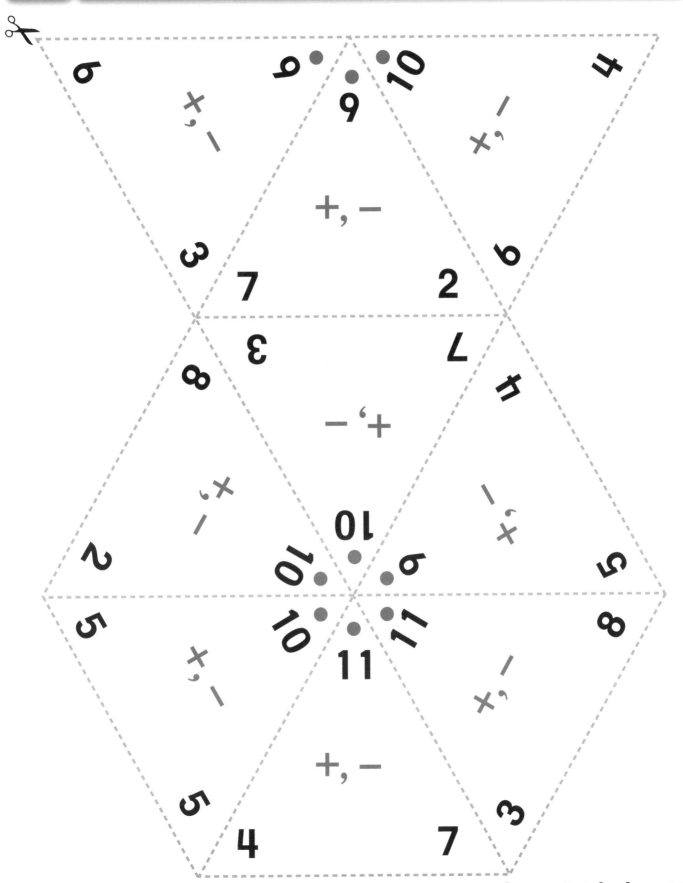

LECCIÓN 6·7 Triángulos de operaciones 3

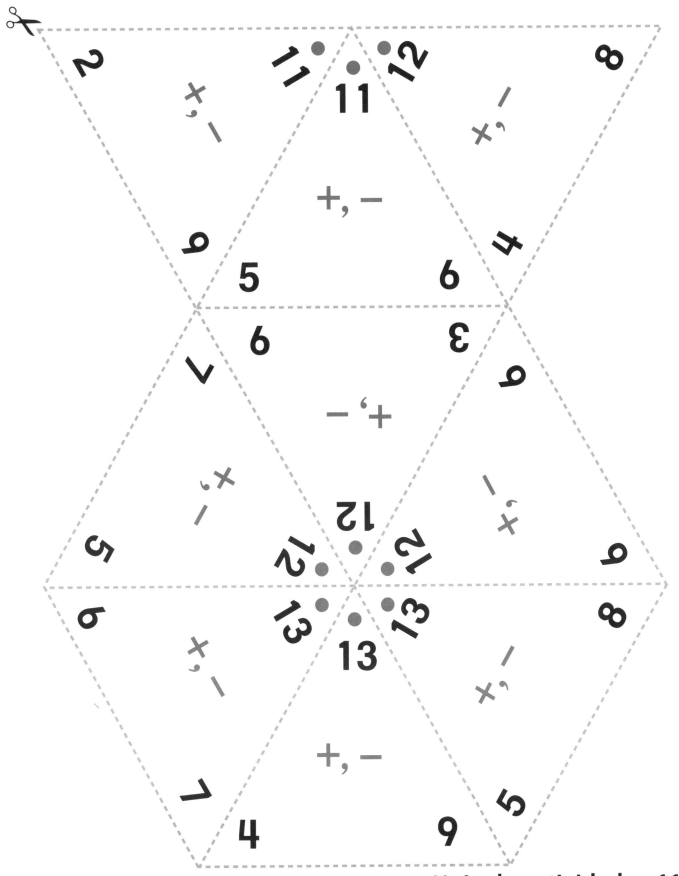

LECCIÓN 6·4

Triángulos de operaciones 4

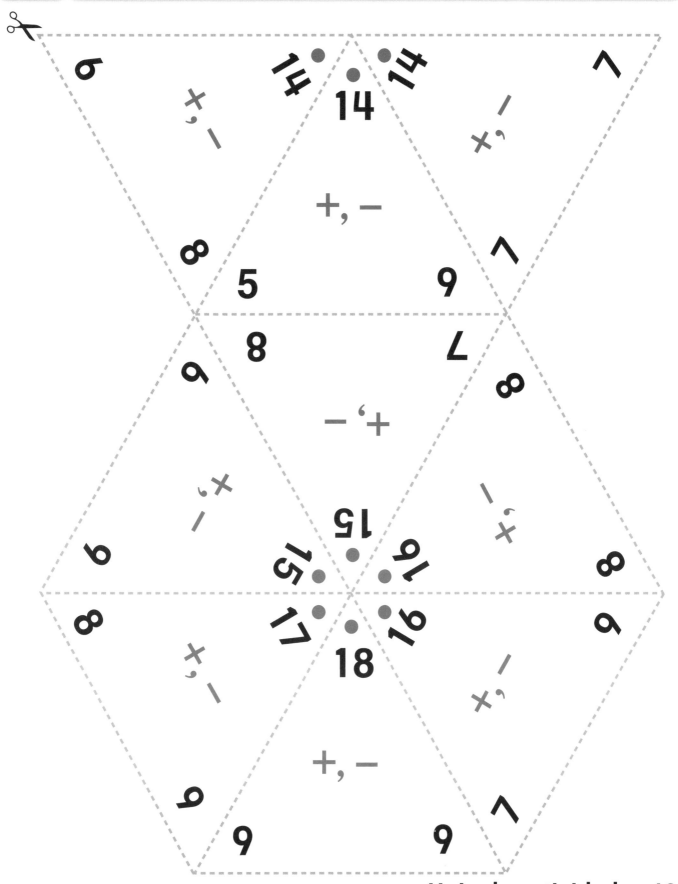

Piezas de base 10

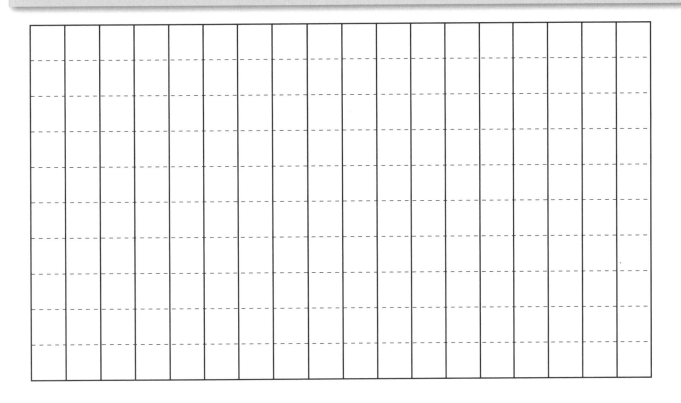

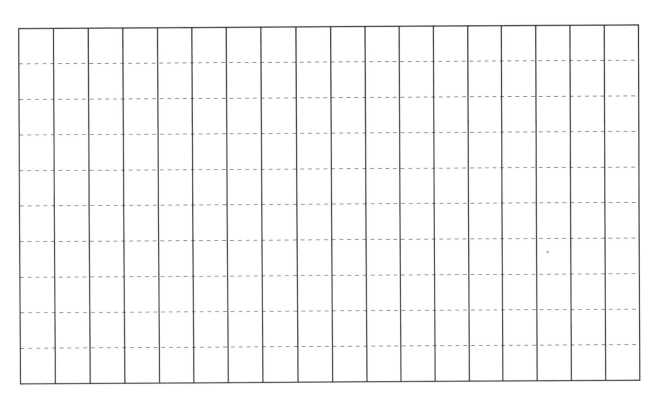

Piezas de base 10

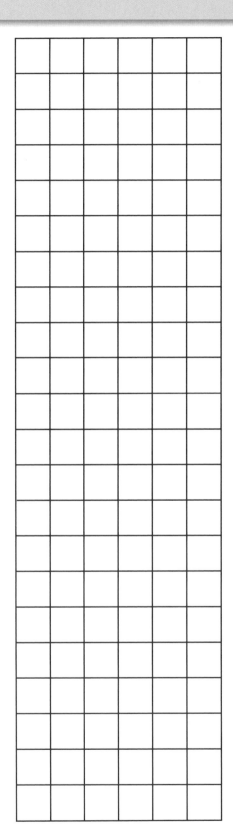

Cuadrícula de números

0	10	20	30	40	50	60	70	80	90	100	110
−1	9	19	29	39	49	59	69	79	89	99	109
−2	8	18	28	38	48	58	68	78	88	98	108
−3	7	17	27	37	47	57	67	77	87	97	107
−4	6	16	26	36	46	56	66	76	86	96	106
−5	5	15	25	35	45	55	65	75	85	95	105
−6	4	14	24	34	44	54	64	74	84	94	104
−7	3	13	23	33	43	53	63	73	83	93	103
−8	2	12	22	32	42	52	62	72	82	92	102
−9	1	11	21	31	41	51	61	71	81	91	101

Formas en la cuadrícula de números

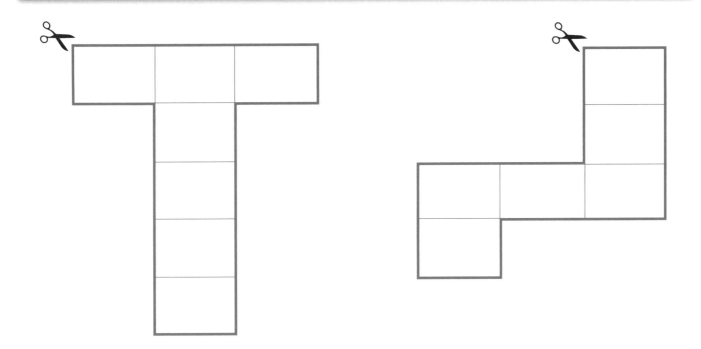

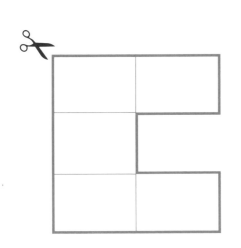

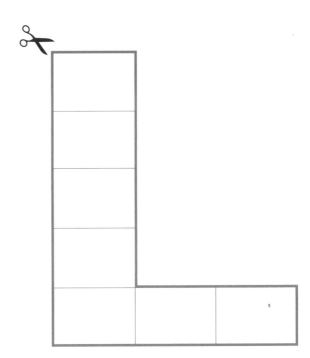

Hoja de actividades 16